Giftige Tiere und Pflanzen

Entdecken und Bestimmen

NATUR-QUIZ

von 8–88

KOSMOS

Giftige Tiere und Pflanzen

Spielanleitung

Spiel nach Punkten:
Ihr stellt die Fragen einer Karte eurem Mitspieler. Anschließend ist der Mitspieler an der Reihe, drei Fragen zu stellen. Für jede richtige Antwort gibt es einen Punkt. Wer zuerst zum Beispiel 15 Punkte erreicht hat, ist der Rundensieger.

Spiel auf Zeit:
Fünf Minuten lang werden einem Mitspieler Fragen gestellt und die erreichte Punktzahl (pro richtige Antwort 1 Punkt) notiert.
Dann ist der nächste Mitspieler dran und liest die Fragen vor.
Wer am Ende der vereinbarten Zeit mehr Punkte hat, ist Sieger.

Bei mehreren Mitspielern teilt ihr euch in Teams auf, die sich gegenseitig die Fragen stellen – je nach Absprache nach Punkten oder auf Zeit.

Wenn ihr alleine spielt, könnt ihr die Fragen für euch schriftlich oder mündlich beantworten. Für jede richtige Antwort gibt es einen Punkt.

er Symbole Erklärung	tut weh	schwach giftig	giftig	stark giftig

r diesen Fächer sind 30 Tiere und Pflanzen gewählt worden, die giftig für den Mensch nd oder sein können. Es gibt natürlich noch ele andere Pflanzen und Tiere, die ebenfalls giftig sind. Diese können hier nicht alle aufgeführt werden, es besteht daher kein Anspruch auf Vollständigkeit.

Giftnotruf

Berlin
0 30/30 35-34 66, 30 35-34 36
Uni-Klinikum Rudolf Virchow
0 30/192 40
Landesberatungsstelle für Vergiftungserscheinungen

Bonn
02 28/287 32 11, 287 33 33
Informationszentrale gegen Vergiftungen

Braunschweig
05 31/622 90
Städtisches Klinikum

Bremen
04 21/497 54 10
Kliniken Bremen

Erfurt
03 61/730 730
Giftinformationszentrum, Klinikum Erfurt

Freiburg
07 61/270 43 61, 192 40
Giftinformationszentrale

Fortsetzung nächste Seite

Stängel mit Milchsaft

Weihnachtsstern

Antworten

1 b) Er ist milchig. Da der Saft leicht giftig ist, sollte er gleich abgewaschen werden, wenn er an die Haut gerät. Gelangt der Saft in den Mund, kann er Erbrechen und Durchfall bewirken.

2 Es gibt ihn auch in anderen Farben, z. B. Rot, Rosa, Weiß und Neuzüchtungen in Violett und Blau.

3 Ja, auf den Kanarischen Inseln sind solche Exemplare zu bewundern. Ursprünglich kommt der Weihnachtsstern aus Mittelamerika.

… schon gewusst?

Was beim Weihnachtsstern so schön farbig leuchtet, sind nicht die Blüten. Der Weihnachtsstern hat nur winzige, so genannte Scheinblüten, die von den kräftig gefärbten Blättern umgeben sind.

Göttingen

05 51/39 62 39

Uni-Klinik

05 51/192 40

Giftinfo-Nord, Beratungsstelle GIZ-Nord

Homburg/Saar

0 68 41/16 22 57, 16 28 46

Klinik für Kinder u. Jugend im Landeskrankenhaus

0 68 41/192 40

Giftinformationszentrale

Kiel

04 31/597 42 68

Uni-Klinik

Leipzig

03 41/31 19 16

Toxikologischer Auskunftsdienst

Mainz

0 61 31/192 40

Uni-Klinik

München

0 89/41 40 22 11

Giftnotruf München

0 89/192 40

Klinische Toxikologie, TU

Nürnberg

09 11/398 24 51

Klinikum Nürnberg – Giftinformationszentrale

09 11/398 22 05

Städtisches Klinikum

Papenburg/ Ems

0 49 61/93 20 64

Marienhospital-Kinderklinik

Wien

02 22/406 43 43

Zürich

01/25-1 66 66

Toxikologisches Informationszentrum

Fragen

Schon ab Oktober wird er in den Geschäften angeboten: der Weihnachtsstern. Wissenschaftlich gesehen gehört er zu den Wolfsmilch-Gewächsen.

1 Aus den Stängeln und Blättern des Weihnachtssterns tritt ein leicht giftiger Saft aus. Welche Farbe hat dieser Saft?
a) Er ist schwarz.
b) Er ist milchig.

2 In welcher Farbe gibt es den Weihnachtsstern bei uns – nur in der Farbe rot oder auch in anderen Farben?

3 Bei uns ist der Weihnachtsstern als Zimmerpflanze bekannt. Stimmt es, dass er z. B. auf den Kanarischen Inseln ein bis zu 4 m hoher Strauch werden kann?

Fragen

Die Blaue Nesselqualle wird im Volksmund auch Feuerqualle genannt. Der wissenschaftliche Name für Quallen lautet Medusen.

1 Die Nesselzellen der Qualle können Menschen zwar nicht töten, aber sie verursachen bei Berührung heftiges Brennen und juckende Quaddeln auf der Haut. Wo befinden sich die Nesselzellen?

a) Auf den Tentakeln (den Fangarmen)

b) Oben auf dem glockenförmigen Schirm

2 Wo kommt die Blaue Nesselqualle am häufigsten vor – in der Nordsee oder in der Ostsee?

3 Die Qualle vergiftet ihr Beutetier. Dieses wird dann in die Qualle hineingezogen, die innen hohl ist. Kann die Qualle auf diese Weise auch größere Fische fressen?

Tollkirsche

Antworten

1 Die Tollkirsche wächst in lichten Laubwäldern in ganz Europa. Außerdem ist sie auf Kahlschlägen, an Waldwegen und Waldrändern zu finden.

2 Sie wird 1 bis 2 m hoch.

3 a) Richtig. Wichtig zu wissen ist, dass alle Teile der Tollkirsche giftig sind, vor allem aber die Beeren. Sie werden oft mit Kirschen verwechselt und schmecken süß. Für Kinder ist schon der Genuss von 3 bis 4 Beeren, für Erwachsene von 10 Beeren tödlich.

... *schon gewusst?*

Zu den Vergiftungserscheinungen gehören so genannte Tobsuchtsanfälle. Daher leitet sich der Name »Toll«kirsche ab.

Blaue Nesselqualle

Antworten

1 a) Auf den Tentakeln. Wenn ein Fisch oder ein Mensch mit den Fangarmen in Berührung kommt, werden winzige Geißelfäden aktiviert. Diese schießen wie Harpunen hervor und verspritzen ihr Gift.

2 In der Nordsee. Die Blaue Nesselqualle wird im Sommer oft in Massen an die Nordseestrände getrieben.

3 Nein. Kleine Heringe sind die größte Nahrung, die sie zu sich nimmt.

... schon gewusst?

Die Blaue Nesselqualle heißt im Volksmund Feuerqualle, weil das Gift wie Feuer auf der Haut brennt.

Fragen

Die Tollkirsche gehört zu den Nachtschatten-Gewächsen. Sie wird auch »Teufelskirsche« oder »Schwindelkirsche« (weil sie so lecker aussieht) genannt.

1 Wächst die Tollkirsche in dunklen Tannenwäldern oder in lichten Laubwäldern?

2 Die Tollkirsche ist eine ausdauernde Pflanze. Wie groß wird sie – 1 bis 2 m hoch oder höher als 3 m?

3 Während des Sommers trägt die Pflanze kirschgroße Beeren. Wenn die Beeren unreif sind, sehen sie grün aus, in reifem Zustand sind sie glänzend schwarz.
a) Richtig
b) Falsch

Fragen

Weltweit gibt es über 600 verschiedene Arten von Skorpionen. Der Feldskorpion wird etwa 8 cm lang.

1 Der Feldskorpion lebt vor allem im Mittelmeerraum. Welche Gegenden besiedelt er vorwiegend?
a) Trockene, wasserarme Gebiete
b) Sümpfe und Moore

2 Nach Sonnenuntergang gehen die Skorpione auf Nahrungssuche. Welche Nahrung bevorzugen sie – Insekten oder Kaulquappen, Eidechsen und Molche?

3 Befindet sich das Gift des Skorpions in seinen zwei großen Scheren oder in einem Giftstachel an seinem Schwanzende?

Beeren

Blüten

Schneebeere

Antworten

1 Die Schneebeere ist ein Zierstrauch, der in Gärten, Parks und Anlagen angepflanzt wird. Nur selten ist die Schneebeere wild anzutreffen.

2 Nein, aber der Genuss von einer Beere kann zu Erbrechen führen. Nach dem Verzehr von größeren Mengen kann Bewusstlosigkeit eintreten. Wenn zerdrückte Beeren an die Haut gelangen, kann es zu Hautentzündungen kommen.

3 a) Ab September trägt die Schneebeere die weißen Beeren bis in den Winter hinein.

... schon gewusst?

Die Schneebeere wird im Volksmund auch »Knallerbse« oder »Knacksbeere« genannt, denn die saftigen Beeren platzen bei heftigem Druck mit lautem Knall.

Feldskorpion

Antworten

1 a) Trockene, wasserarme Gebiete. Skorpione sind tagsüber selten zu sehen, da sie nachtaktiv sind.

2 Sie bevorzugen Insekten. Außerdem ernähren sie sich von anderen Gliederfüßern.

3 Das Gift befindet sich in einem Stachel am Schwanzende des Skorpions. Nach einem Stich kommt es zu einer Rötung an der Stichstelle und zu einem prickelnden Schmerz. Ärztliche Behandlung ist dringend erforderlich!

... schon gewusst?

Nach der ersten Häutung ist der Stachel der kleinen Skorpione mit Gift gefüllt und sie gehen erstmals selbstständig auf Beutefang.

Fragen

Die Schneebeere gehört zu den Geißblatt-Gewächsen. Ursprünglich kommt sie aus Nordamerika, ist heute aber in ganz Europa verbreitet.

1 Wo wächst die Schneebeere – ist sie ein Zierstrauch für Gärten und Anlagen oder ist sie vor allem wild in freier Natur anzutreffen?

2 Ist der Genuss von einer Beere schon tödlich?

3 Ab wann trägt die Schneebeere ihre kugeligen, weißen, etwa 1 bis 1,5 cm großen Beeren?
a) Ab September
b) Nach dem ersten Schnee

Fragen

Seinen Namen verdankt der Feuersalamander den Flecken auf seiner Haut. Diese sind knallgelb bis orangefarben und unregelmäßig geformt.

1 Wovon ernährt sich der Feuersalamander ausschließlich?
a) Von Schnecken, Insekten, Würmern, Spinnen
b) Von Gras und Heu

2 Welche Größe erreicht ein Feuersalamander – wird er länger als 20 cm?

3 In welchem Körperteil befindet sich das Gift des Feuersalamanders – in seiner Zunge oder in den Poren der Haut?

Roter Fingerhut

Antworten

1 Er wächst in lichten Wäldern und auf Kahlschlägen. Der Rote Fingerhut kommt auch häufig als Zierpflanze in Gärten vor. Seine Blütezeit ist von Juni bis August.

2 Alle Teile des Fingerhuts sind giftig, besonders die Blätter, Blüten und Samen. Bei Verzehr führen sie zu Sehstörungen, Halluzinationen und eventuell sogar zum Herzstillstand.

3 a) Zwei Jahre. Der Rote Fingerhut ist also eine zweijährige Pflanze.

… schon gewusst?

In England wird der Rote Fingerhut »Dead men´s bell« (also »Totenglocke«) genannt.

Feuersalamander

Antworten

1 a) Von Schnecken, Insekten, Würmern und Spinnen ernährt sich der Feuersalamander ausschließlich.

2 Nein, meist ist er kleiner als 20 cm. Allerdings sind in Südeuropa auch schon Exemplare gefunden worden, die bis zu 28 cm lang sind.

3 In den Poren der Haut, durch sie wird das Gift ausgeschieden. Das Gift brennt an den Händen und wirkt stark reizend auf die Schleimhäute. Also unbedingt die Hände waschen, wenn du einen Feuersalamander angefasst hast!

... schon gewusst?

Feuersalamander leben überwiegend in feuchten Wäldern und können bis zu 20 Jahre alt werden.

Fragen

Der Rote Fingerhut ist giftig, aber gleichzeitig auch eine wichtige Heilpflanze. Seine Blüte leuchtet hellrosa bis purpurfarben.

1 Der Rote Fingerhut ist im Norden, Westen und in der Mitte Europas verbreitet. Wächst er an Gewässern oder in lichten Wäldern und auf Kahlschlägen?

2 Teile des Fingerhuts enthalten Inhaltsstoffe, die in genau bemessenen, kleinen Mengen für Arzneimittel gegen Herzschwäche verwendet werden. Welche Teile der Pflanze sind giftig – ausschließlich die Blätter oder alle Teile?

3 Wie alt wird der Fingerhut, der 40 bis 120 cm hoch wächst?
a) Zwei Jahre
b) Etwa zehn Jahre

Fragen

Die Gelbbauchunke wird auch Bergunke genannt. Ihren Namen hat sie von den leuchtend gelben bis orangefarbenen Flecken auf ihrem Bauch.

1 Wie groß wird eine Gelbbauchunke – ungefähr 5 oder 15 cm?

2 Die Gelbbauchunke kann zur Abwehr von Feinden ein giftiges Sekret absondern. Wodurch gibt sie die giftige Flüssigkeit ab?
a) Durch das Maul
b) Durch die Hautdrüsen

3 Stimmt es, dass Gelbbauchunken sich vorwiegend von kleinen Käfern ernähren?

Kartoffel

Antworten

1 Mehrere Teile der Kartoffel sind giftig: alle Teile, die oberirdisch wachsen und grün sind. Dazu gehören der Stängel, die Blätter, die Blüte sowie die Früchte, die tomatenähnliche, grünliche Beeren sind. Aber auch die Kartoffelkeime und grüne Stellen an der Knolle sind giftig.

2 Kartoffelstauden werden 40 bis 70 cm hoch.

3 b) Durch Legen von Saatkartoffeln in die Erde.

... schon gewusst?

Bis weit in das Mittelalter hinein war die Kartoffel in Europa unbekannt. Sie wurde erst im 16. Jahrhundert aus Südamerika eingeführt.

Gelbbauchunke

Antworten

1 Die Gelbbauchunke wird etwa 5 cm groß. Damit ist sie so groß wie ein Laubfrosch. Ihr Körper ist plump und gedrungen, die Haut ist warzig.

2 b) Durch die Hautdrüsen. Das giftige Sekret kann die Schleimhäute des Menschen sehr stark reizen. Vergiftungserscheinungen treten nicht auf, wenn man sich die Hände wäscht, nachdem eine Gelbbauchunke angefasst wurde.

3 Nein. Sie ernähren sich vorwiegend von Mückenlarven, die sie auf der Wasseroberfläche fangen.

... schon gewusst?

Die Gelbbauchunke lebt vom Frühjahr an den ganzen Sommer über im Wasser, sie überwintert aber auf dem Trockenen.

Fragen

Die Kartoffel gehört zu den Nachtschatten-Gewächsen. Kaum zu glauben, dass eine Pflanze, die auf der ganzen Welt angebaut und verzehrt wird, giftig ist!

1 Welche Teile der Kartoffel sind giftig – ausschließlich die Stängel oder mehrere Teile?

2 Wie hoch wachsen Kartoffelstauden – 40 bis 70 cm oder höher?

3 Die Kartoffel ist ein wichtiges Nahrungsmittel. Wie wird sie angebaut?
a) Durch Vorziehen von Samen in Töpfen
b) Durch Legen von Saatkartoffeln in die Erde

Fragen

Der Gewöhnliche Stechrochen wird auch Stachelrochen oder Feuerflunder genannt. Er lebt in Mittelmeer und Atlantik im Flachwasser.

1 Wo befindet sich beim Gewöhnlichen Stechrochen der Giftstachel mit der Giftdrüse?
a) Auf der Schwanzmitte
b) Vorne am Maul

2 Wovon ernährt sich der Gewöhnliche Stechrochen – frisst er ausschließlich Schalentiere oder auch kleine Fische?

3 Die Brustflossen sind bei Rochen stark vergrößert und können wie Flügel auf und ab bewegt werden. Damit »fliegen« die Tiere durch das Wasser. Welche Länge kann ein Gewöhnlicher Stechrochen erreichen?

Herbstzeitlose

Antworten

1 b) Alle Pflanzenteile sind sehr giftig, vor allem die Samen. Die eintretenden Vergiftungserscheinungen können tödlich sein. Bei Verdacht, dass Pflanzenteile gegessen wurden, muss sofort eine Klinik aufgesucht werden!

2 Die Herbstzeitlose wächst vor allem auf Feuchtwiesen und lichten Waldungen bis hoch ins Gebirge.

3 Ja. Es wird davon berichtet, dass Menschen, die diese Milch getrunken haben, die typischen Vergiftungserscheinungen der Herbstzeitlose zeigten.

... schon gewusst?

Die Vergiftungserscheinungen treten 2 bis 6 Stunden nach der Giftaufnahme auf und können tödlich sein. Der Tod tritt meist durch Atemstillstand ein.

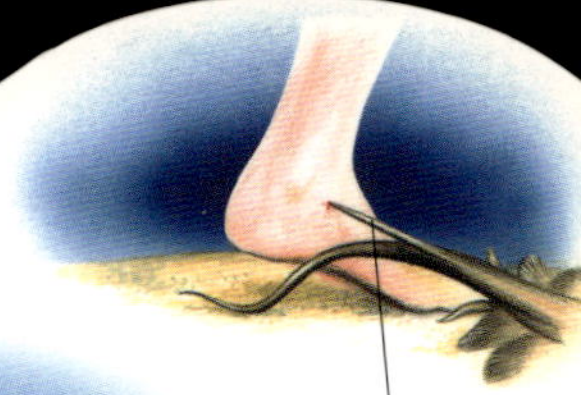

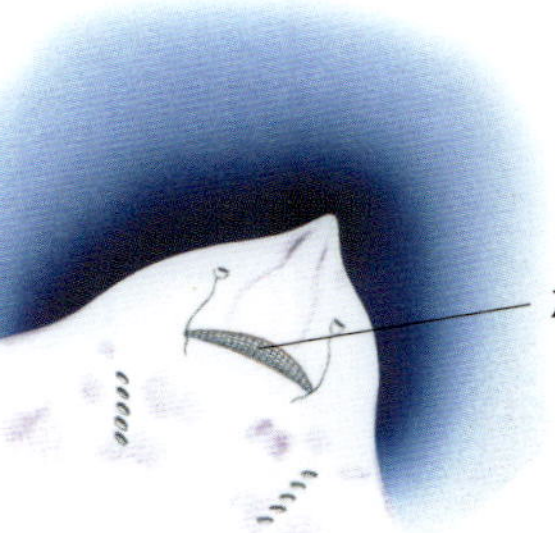

Stechrochen

Antworten

1 a) Auf der Schwanzmitte. Wenn man aus Versehen auf einen Stechrochen tritt, schnellt der Schwanz durch einen Reflex nach oben und vorne. Oft bricht der Stachel in der Wunde ab. Das Gift ist auch für den Menschen sehr gefährlich.

2 Er frisst außer Schalentieren auch kleine Fische.

3 Der Gewöhnliche Stechrochen wird über 3 m lang. Sein Körper ist flach wie eine Scheibe und er besitzt einen peitschenförmigen Schwanz. Die Augen liegen auf der Oberseite des Körpers.

... schon gewusst?

Stechrochen haben wie Haie in ihrem Maul mehrere Reihen von Zähnen, die hintereinander sitzen.

Fragen

Die Herbstzeitlose gehört zu den Lilien-Gewächsen. Sie blüht bei uns von August bis Oktober. Ihre Blüte ähnelt der des Krokus und ist zartrosa bis lilafarben.

1 Die Herbstzeitlose ist sehr giftig. Welche Pflanzenteile enthalten das Gift?
a) Ausschließlich die Blüten
b) Alle Pflanzenteile

2 Wo wächst die Herbstzeitlose vor allem – auf Dünen am Meer oder auf Feuchtwiesen und Waldungen?

3 Kann es beim Menschen auch zu Vergiftungen kommen, wenn er die Milch von Ziegen oder Schafen trinkt, die Herbstzeitlosen gefressen haben?

Fragen

Honigbienen sind auf der ganzen Welt verbreitet. Es gibt nicht weniger als 20.000 Arten, die alle zur Familie der Stechimmen zählen. Sie leben in so genannten »Staaten«.

1 Wie viele Honigbienen leben ungefähr in einem Staat zusammen?
a) 7.000
b) 70.000
c) 700.000

2 Wie oft kann eine Honigbiene zustechen?

3 Der Körper der Honigbiene ist leicht behaart. Die Flügel sind zart und durchsichtig. Wo sitzt ihr Giftstachel – unter der Brust oder am Ende des Hinterleibs?

Gemeiner Seidelbast

Antworten

1 Zwischen Februar und April, schon bald nach der Schneeschmelze, erscheinen die ersten Blüten.

2 In hügeligen Gegenden sowie im Bergwald ist er zu finden. In den Ebenen Norddeutschlands zum Beispiel ist er unbekannt.

3 b) Alle Teile, vor allem die Rinde und die Samen, sind giftig. Der Genuss der Beeren, aber auch das Kauen auf den Zweigen, löst starke Halsschmerzen, Krämpfe und Koliken aus. Diese können zum Kreislaufversagen mit Todesfolge führen.

... schon gewusst?

Vögel können die Beeren des Gemeinen Seidelbasts problemlos fressen, das Gift schadet ihnen nicht.

Bienenwabe

Entwicklung der Honigbiene

Ei Larve Puppe

Honigbiene

Antworten

1 b) Etwa 70.000 Honigbienen leben in einem Staat zusammen. Der Staat besteht aus einer Königin (Weibchen), Drohnen (Männchen) sowie Arbeiterinnen.

2 Sie kann nur einmal zustechen. Beim Stich verliert sie den Stachel sowie ihre Giftblase und stirbt.

3 Am Ende des Hinterleibs sitzt der Giftstachel. Ausschließlich die Königin und die Arbeiterinnen besitzen einen solchen Giftstachel. Er hat sich aus dem Legestachel für die Eier entwickelt.

... *schon gewusst?*

5 Stiche führen beim Menschen zu leichten Vergiftungserscheinungen, ab etwa 40 Stichen kommt es zu schweren Vergiftungen. Ungefähr 500 Stiche können tödlich sein.

Fragen

Der Gemeine Seidelbast duftet wunderbar – dies reizt dazu, ihn zu pflücken. Aber er ist sehr, sehr giftig!

1 Wann blüht der Gemeine Seidelbast, der eine geschützte Pflanze ist?

2 Wo ist der bis zu 1,5 m hohe Gemeine Seidelbast in freier Natur zu finden – im Flachland oder in hügeligen Gegenden sowie im Bergwald?

3 Welche Teile des Gemeinen Seidelbasts sind besonders giftig?
a) Die roten Steinbeeren
b) Alle Teile, vor allem die Rinde und die Samen

Fragen

Die Kreuzotter hat ihren Namen von dem dunklen Zickzackband auf dem Rücken.

1 Kreuzottern sind in Nord- und Mitteleuropa anzutreffen. In welchen Gebieten leben sie?
- a) In der Nähe von Flüssen, Seen und dem Meer
- b) Im Flachland und im Gebirge bis 3.000 m Höhe

2 Die Kreuzotter greift ihre Beute mit einem giftigen Biss an. Verharrt sie anschließend an dieser Stelle oder verfolgt sie ihre Beute?

3 Kann die Kreuzotter mit ihren Giftzähnen Wanderschuhe durchbeißen?

Gemeiner Goldregen

Antworten

1 Der Gemeine Goldregen wird bis zu 7 m hoch. Er wächst also zu einem richtigen kleinen Baum heran.

2 b) Alle Teile sind giftig. Besonders giftig sind die braun-schwarzen Samen, von denen schon drei Stück Vergiftungserscheinungen auslösen können.

3 Nein, der Goldregen braucht keinen anspruchsvollen Boden. Deshalb wird er auch überall angepflanzt, zum Beispiel in Gärten, Anlagen und Freibädern.

... schon gewusst?

Der Gemeine Goldregen wuchs ursprünglich wild nur in Süd- und Südosteuropa. Heute wird er in ganz Mitteleuropa angepflanzt und gedeiht sogar im Süden von Schweden.

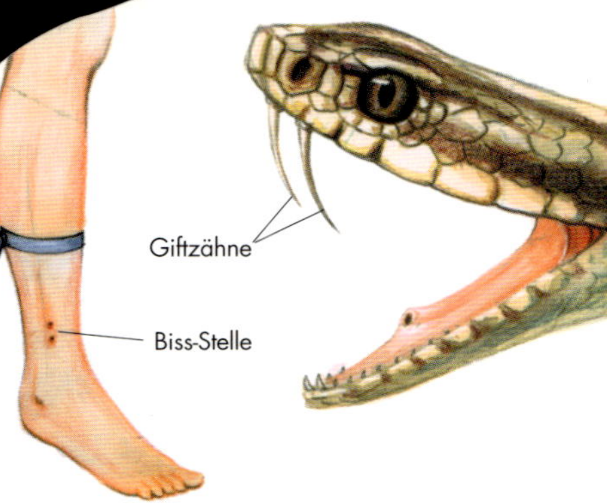

Kreuzotter

Antworten

1 b) Sie lebt im Flachland und im Gebirge (bis zu 3.000 m). Die Kreuzotter ist bevorzugt an Waldrändern, auf Heideflächen und Waldlichtungen anzutreffen.

2 Die Kreuzotter verfolgt die Beute mithilfe der Duftspur, die die Beute hinterlässt. Wenn sie tot ist, wird die Beute mit dem Kopf voran als Ganzes verschlungen.

3 Nein, dafür reicht die Länge der Giftzähne mit 4 mm nicht aus. Als gefährlich gelten Bisse im Gesicht, am Rücken und am Hals, vor allem bei Kindern. Wenn die Schlange aufgescheucht wird, beißt sie blitzschnell zu.

... schon gewusst?

Zum Sattwerden reichen der Kreuzotter im Jahr etwa 12 Mäuse.

Fragen

Der Gemeine Goldregen blüht schon früh im Jahr, von April bis in den Mai hinein. Er gehört zu den Schmetterlingsblütlern.

1 Wie sieht der Gemeine Goldregen aus – ist er eher ein kleiner Strauch oder wird er bis zu 7 m hoch?

2 Welche Teile des Gemeinen Goldregens sind giftig?
a) Ausschließlich die Blüten
b) Alle Teile

3 Der Goldregen wird als Ziergehölz angepflanzt. Braucht er anspruchsvollen Boden und viel Pflege, damit er gut wächst?

Fragen

Die Malmignatte ist eine Kugelspinne. Der Name kommt aus dem Italienischen und bedeutet übersetzt »böser Blutsauger«.

1 Bei dem gefährlichen Biss der Malmignatte gelangen giftige Eiweißstoffe in die Wunde. Ist ärztliche Behandlung erforderlich?

2 Wo ist der Lebensraum der Malmignatte?
a) In Nordeuropa
b) In Südeuropa

3 Der Körper der Malmignatte ist tiefschwarz und hat am Hinterleib 13 blutrote Punkte. Welches Tier ist größer – das Männchen oder das Weibchen?

Gemeiner Efeu

Antworten

1 b) Mit Hilfe von Haftwurzeln. Mit ihnen klammert sich die Pflanze am Gemäuer fest.

2 Ja, schon beim Verzehr kleinerer Mengen treten Übelkeit und Erbrechen auf. Bei größeren Mengen kommt es zu heftigen Krämpfen und scharlachartigem Ausschlag. Auch die Stängel und Blätter sind giftig!

3 Sie können ganz unterschiedliche Formen aufweisen. Sie sind dreieckig, rautenförmig oder eiförmig.

... schon gewusst?

Efeu ist der einzige heimische Wurzelkletterer. Er ist immergrün, wirft also seine Blätter im Winter nicht ab. Im Frühjahr bauen Vögel gerne Nester im Schutz seines dichten Blattwerks.

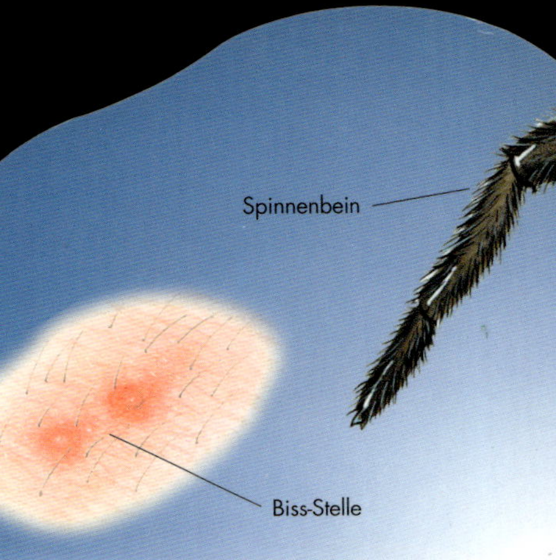

Malmignatte

Antworten

1 a) Ja, ärztliche Behandlung ist erforderlich. Der Biss der Malmignatte ist zunächst kaum zu spüren. Erst nach etwa 10 Minuten treten Übelkeit, Schwindel, Fieber, Atemnot und Lähmungserscheinungen auf.

2 b) In Südeuropa. Die Malmignatte lebt ausschließlich in Südeuropa, im Mittelmeerraum.

3 Das Weibchen ist größer. Es wird doppelt so groß wie das Männchen, das harmloser ist.

... schon gewusst?

Die Malmignatte besitzt Giftklauen, mit denen sie Gift in ihr Opfer spritzt. Sie beißt Menschen nur, wenn sie sich angegriffen fühlt.

Fragen

Wer hat nicht schon von Efeu überwucherte Mauern bewundert, z.B. von alten Burgen und Kirchen? Aber Vorsicht – die Pflanze ist giftig!

1. Wie schafft es der Gemeine Efeu, an Gemäuern hochzuklettern?
   a) Mit Hilfe von Ranken und Klebestängeln
   b) Mit Hilfe von Haftwurzeln

2. Sind die blauschwarzen, kugeligen und etwa erbsengroßen Beeren giftig?

3. Wie sehen die grünen lederartigen Blätter aus – können sie ganz unterschiedliche Formen aufweisen oder sind sie immer rund?

Fragen

Die Rote Waldameise gehört zu den so genannten Hautflüglern. Weltweit gibt es mehr als 6.000 verschiedene Ameisenarten.

1 Ameisen ernähren sich sehr vielseitig. Was fressen sie außer Samen und Pflanzenteilen – Insekten oder kleine Säugetiere?

2 Um sich gegen Feinde zu wehren, beißen die Roten Ameisen und spritzen in winzigen Mengen Gift in die Bissstelle. Kann ein solcher Biss für den Menschen gefährlich sein?

3 Ameisen sind gesellige Insekten, die in Gruppen in Nestern leben. Wie werden diese »Gruppen« genannt, die aus Königinnen und Arbeiterinnen bestehen?

a) Großfamilien

b) Staaten

Gefleckter Schierling

Antworten

1 b) Er ist ein Sommerblüher und wird bis zu 2 m hoch.

2 Er wächst vor allem an feuchten Hecken und Wegrändern. Besonders gern siedelt er sich auf Schuttstellen um Burgruinen an.

3 Alle Teile der Pflanze sind sehr giftig. Sie enthalten so genannte »Alkaloide«. Diese verursachen zunächst Brennen im Mund und Störungen der Sinnesorgane. Später treten Lähmungen auf, die an den Beinen beginnen. Der Tod tritt durch Atemlähmung ein.

... schon gewusst?

Im Jahr 399 v. Chr. wurde der griechische Philosoph Sokrates zum Tode verurteilt. Nach dem Urteil musste er einen Becher mit Schierlingssaft trinken, woraufhin er starb.

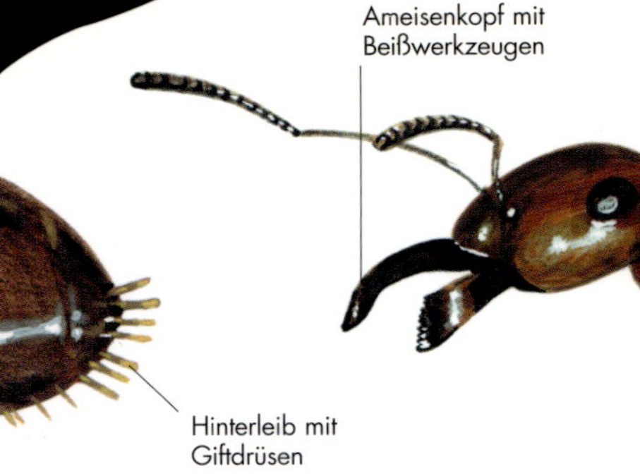

Rote Waldameise

Antworten

1 Sie fressen außerdem Insekten, wie z. B. Larven der Blattwespen. Damit übernehmen sie eine wichtige Rolle als Schädlingsvertilger.

2 Nein. Der Biss kann aber jucken und brennen. Dann bringen kalte Umschläge Linderung. Das Gift, die so genannte Ameisensäure, wird aus einer Drüse im Hinterleib in die Bissstelle gespritzt.

3 b) Staaten. Im Nest lebt meist eine Königin mit ungefähr einer halben Million Arbeiterinnen.

... schon gewusst?

Die Rote Waldameise ist eine großartige Baumeisterin. Ihr Nest kann bis zu 1,80 m hoch werden – eine tolle Leistung für solch ein kleines Tier!

Fragen

Der Gefleckte Schierling, der zu den Doldengewächsen gehört, sieht eher unscheinbar aus. Dabei ist er hochgiftig! Man erkennt ihn an den rötlichen Flecken auf dem Stängel.

1 Wann blüht der Gefleckte Schierling?

a) Er ist ein Frühjahrsblüher und blüht von April bis Juni.

b) Er ist ein Sommerblüher und blüht von Juni bis September.

2 Der gefleckte Schierling kommt in ganz Europa vor. Wo wächst er vorzugsweise – in Parkanlagen und Ziergärten oder an feuchten Hecken und Wegrändern?

3 Sind ausschließlich die weißen Blüten des Gefleckten Schierlings sehr giftig oder alle Teile der Pflanze?

Fragen

Die Sandviper wird wegen eines hornähnlichen Buckels an der Schnauzenspitze auch Hornotter genannt.

1 Die Sandviper, die in steinigem Gelände mit Büschen lebt, ist eine der gefährlichsten Giftschlangen Europas.
a) Richtig
b) Falsch

2 Wie andere Giftschlangen besitzt auch die Sandviper Giftzähne. Wie viele solcher Zähne hat die europäische Sandviper – zwei oder vier?

3 Sandvipern halten Winterruhe. Stimmt es, dass die Tiere die Nahrungsaufnahme vor der Winterruhe einstellen und oft erst im Mai nach der Paarung wieder fressen?

Gefleckter Aronstab

Antworten

1 Sie lockt Insekten an. Der Blütenstand bildet eine so genannte Kesselfalle: Vom Blatt der Blüte rutschen die Tiere ins Innere. Sie versuchen, sich zu befreien, und bestäuben dabei die Blüte.

2 Der Aronstab wächst in feuchten Laub- und Auwäldern. Er bevorzugt kühle, schattige Stellen.

3 a) Von April bis Mai. Der Saft verursacht eine starke Reizung der Haut sowie der Schleimhaut. Nach dem Verzehr von Pflanzenteilen kommt es zu Übelkeit, Juckreiz und Bewusstseinsstörungen.

... schon gewusst?

Der Aronstab heizt sich gegen Abend bis zu 40 Grad auf und verströmt dann den Aasgeruch, der die Tiere in die Falle lockt.

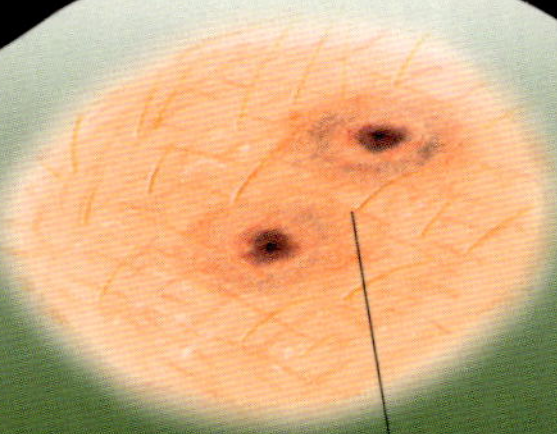

Sandviper

Antworten

1 a) Richtig. Es kann zu tödlichen Vergiftungen kommen, wenn beim Biss ein Blutgefäß getroffen wird.

2 Sie hat zwei Giftzähne. Im Oberkiefer der Sandviper befindet sich rechts und links je ein Giftzahn. Das Gift selbst kommt aus Giftdrüsen, die mit den Zähnen verbunden sind.

3 Ja. Die Schlangen kommen mehrere Monate ohne Nahrung aus. Sandvipern ernähren sich von Mäusen, Maulwürfen, kleinen Vögeln und Eidechsen.

... schon gewusst?

Sandvipern leben vor allem in den Mittelmeerländern, kommen aber auch in Südtirol sowie im Süden Österreichs vor. Ihren gefährlichen Biss bemerkt man fast nicht, da er kaum weh tut.

Fragen

Der gefleckte Aronstab wird auch »Zehrwurz« genannt. Er gehört zu den Aronstabgewächsen und hat den wissenschaftlichen Namen »arum maculatum«.

1 Die Pflanze verbreitet einen Aasgeruch. Welche Tiere lockt sie damit an – Schnecken oder Insekten?

2 Wächst der Aronstab, von dem alle Teile stark giftig sind, in feuchten Laub- und Auwäldern oder eher in trockenen Nadelwäldern?

3 Wann blüht der Aronstab, der 15 bis 50 cm hoch wird?
a) Von April bis Mai
b) Von August bis September

Fragen

Die Stechmücke ist ein kleiner, lästiger »Blutsauger«. Sie ist durch ihr helles Sirren zu erkennen.

1 Stimmt es, dass bei den Mücken ausschließlich die Männchen stechen und Blut saugen können?

2 Wie heißt das Mundwerkzeug, mit dem die Stechmücke Blut aus der Haut des Menschen saugt?
a) Stechrüssel
b) Gaumenstachel

3 Wo legen die Weibchen ihre Eier ab – unter geschütztem Blattwerk oder auf einer Wasseroberfläche?

Feuerbohne

Antworten

1 b) Richtig. Feuerbohnen dürfen nicht roh gegessen werden. Erst beim Kochen werden die giftigen Eiweißstoffe zerstört, die im rohen Zustand schwere Verdauungsstörungen verursachen.

2 Die Feuerbohne ist eine einjährige Pflanze. Sie stammt aus Südamerika und klettert an Bohnenstangen sowie anderen Kletterhilfen 2 bis 4 m hoch.

3 Der Name kommt von den feuerroten Blüten. In seltenen Fällen blüht die Feuerbohne aber auch rein weiß.

... schon gewusst?

Die grüne Gartenbohne ist roh ebenfalls giftig.

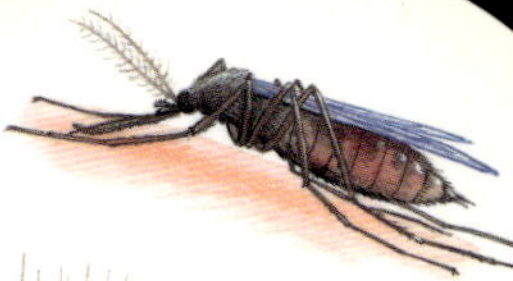

Mücke auf der H
beim Blutsaugen

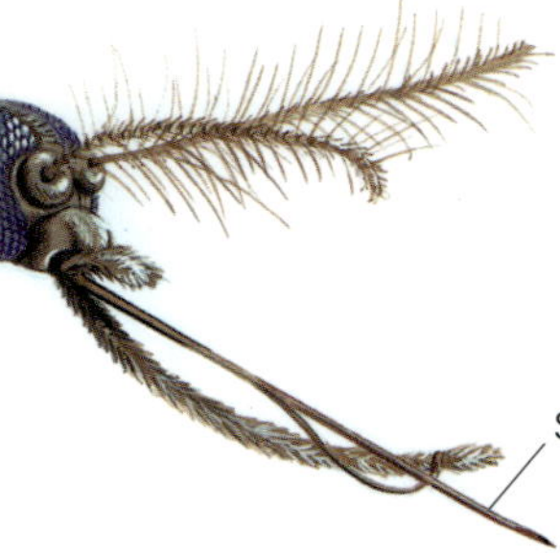

Stechmücke

Antworten

1 Nein, ausschließlich die Weibchen können stechen und Blut saugen. Die Männchen haben gefiederte Flügel und stechen nicht. Sie ernähren sich von Pflanzensäften.

2 a) Stechrüssel. Dieser ist lang und nach vorn gerichtet. Das Blut benötigen die Weibchen für die Entwicklung ihrer Eier.

3 Auf einer Wasseroberfläche. Die daraus schlüpfenden Larven hängen mit einem Atemrohr an der Wasseroberfläche.

... schon gewusst?

Ein Mückenstich juckt, weil beim Eindringen des Stechrüssels in die Haut ein Saft in die winzige Wunde fließt. Dieser Saft führt zu den Quaddeln auf der Haut.

Fragen

Die Feuerbohne wird in ganz Europa angebaut und gehört zu den Schmetterlingsblütlern.

1 Die Erntezeit der Feuerbohnen ist Juli bis September. Sie dürfen nicht roh verzehrt werden, da sie giftige Eiweißstoffe enthalten.
a) Falsch
b) Richtig

2 Ist die Feuerbohne eine einjährige Pflanze (das heißt, sie wächst nur ein Jahr) oder eine mehrjährige Pflanze?

3 Woher hat die Feuerbohne ihren Namen – weil die Blätter bei Berührung wie Feuer brennen oder weil die Blüten feuerrot sind?

Fragen

Die Zecke wird auch Gemeiner Holzbock genannt. Sie lebt im Gras und im Unterholz bis zu einer Höhe von 1,50 m.

1 Die Zecke ernährt sich vom Blut von Säugetieren und Menschen. Wie gelangt sie an das Blut?

a) Sie saugt das Blut mit einem Saugrüssel, der mit Widerhaken besetzt ist.

b) Sie fügt den Opfern mit ihren scharfen Klauen Verletzungen zu und leckt das Blut auf.

2 Die achtbeinige Zecke kommt auch bei uns vor, besonders in Süddeutschland. Wer saugt mehr Blut – Männchen oder Weibchen?

3 Die Krankheiten, die Zecken übertragen, heißen FSME und Borreliose. Ist eine Impfung gegen eine oder sogar gegen beide Krankheiten möglich?

Engelstrompete

Antworten

1 a) In den Abendstunden duften die Blüten besonders stark. Sie strömen einen starken, betäubenden Geruch aus, der leichte Vergiftungserscheinungen hervorrufen kann.

2 Aus Südamerika stammt die Engelstrompete ursprünglich.

3 Alle Teile der Engelstrompete sind giftig, besonders die Wurzeln und Samen. Die Gifte verursachen Erregungszustände bis hin zu Halluzinationen und Krampfanfällen. Die Blüten enthalten doppelt so viele Giftstoffe wie die Blätter.

... schon gewusst?

Die Engelstrompete hat ihren Namen von den großen, etwa 20 cm langen trichterförmigen Blüten. Sie blüht in den Farben Weiß, Gelb, Rosa oder Orangerot.

Zecke

Antworten

1 a) Sie saugt Blut mit einem Saugrüssel. Hat sich eine Zecke einmal festgesogen, kann eine Blutmahlzeit bis zu 14 Tage dauern.

2 Die Weibchen saugen sehr viel mehr Blut als die Männchen. Sie benötigen das Blut zur Bildung ihrer Eier. Davon entwickeln sie bis zu 3.000 Stück.

3 Eine Impfung ist nur gegen eine der Krankheiten möglich, gegen FSME (Frühsommer-Meningo-Enzephalitis). Diese wird durch Viren übertragen.

... schon gewusst?

Erst bei Temperaturen über 8 Grad wird die Zecke aktiv. Die Zecke ist kein »Gifttier«, aber ein gefährlicher Krankheitsüberträger. Darum sollte nach einem Zeckenbiss ein Arzt aufgesucht werden!

Fragen

Die Engelstrompete wird gerne in Töpfen auf Terrassen, Balkonen und Wintergärten gezogen. Sie ist empfindlich gegen Kälte und muss im Winter ins Haus.

1 Wann duften die Blüten der Engelstrompete besonders stark?
a) In den Abendstunden
b) Bei Sonnenaufgang

2 Die Engelstrompete gibt es noch nicht lange bei uns. Woher stammt sie ursprünglich – aus Südamerika oder aus Südafrika?

3 Die Engelstrompete gehört wie viele giftige Pflanzen zu den Nachtschatten-Gewächsen. Sind ausschließlich ihre Blätter giftig oder alle Teile?

Fragen

Das Alpenveilchen gehört zu den Primelgewächsen. Die beliebte Zimmerpflanze ist wesentlich giftiger als zum Beispiel das Korallenbäumchen.

1 Woher stammt das Alpenveilchen, das 5 bis 15 cm hoch wächst, ursprünglich?
a) Aus den Bergen des Mittelmeerraumes und Vorderasiens
b) Aus den mitteleuropäischen Alpen

2 Welcher Teil des Alpenveilchens enthält die meisten Giftstoffe – die Blüte oder die Knolle (Wurzelstock)?

3 Vom Alpenveilchen gibt es unzählige Züchtungen. Kann man sagen, dass es bei uns die beliebteste Topfpflanze ist?

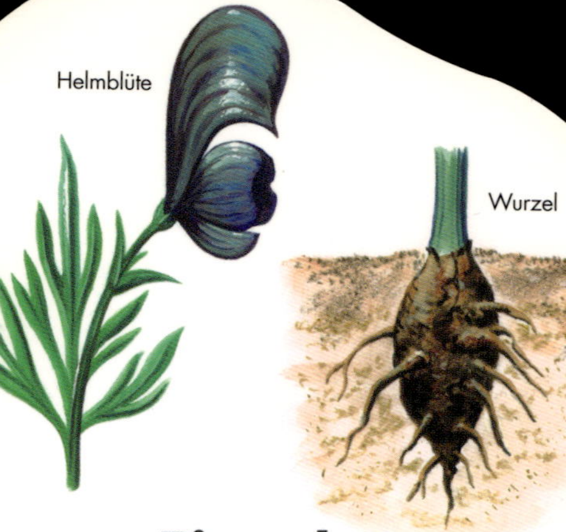

Eisenhut

Antworten

1 a) In den Alpen und Mittelgebirgen. Dort ist er bevorzugt an Bächen und auf feuchten Böden zu finden. Der Eisenhut erreicht eine Höhe von 50 bis 150 cm.

2 Ja. Die Helmblüten des Blauen Eisenhuts sehen wunderschön aus. Dabei vergisst man leicht, dass es sich in der Tat um die stärkste Giftpflanze Europas handelt. Schon beim Pflücken kann das Gift in die Haut eindringen und Hautentzündungen sowie schwere Vergiftungen hervorrufen.

3 Mit den Blättern von Sellerie und Meerrettich werden die Blätter des Eisenhuts häufig verwechselt.

... schon gewusst?

Der Gelbe Eisenhut, auch »Wolfseisenhut« genannt, ist ebenfalls als sehr giftig einzuschätzen.

Alpenveilchen

Antworten

1 a) Aus den Bergen des Mittelmeerraums und Vorderasiens. Das Alpenveilchen stammt dort aus den wärmeren Regionen. Im strengen Klima der Alpen könnte es nicht überleben.

2 Die Knolle enthält die meisten Giftstoffe. Diese führen in größeren Mengen beim Menschen zu Schwindelanfällen und Schweißausbrüchen. Der Saft kann Entzündungen auf der Haut sowie in den Augen hervorrufen.

3 Ja, das Alpenveilchen ist bei uns die beliebteste und meistverkaufte Topfpflanze.

... schon gewusst?

Als Zimmerpflanze blüht das Alpenveilchen durchgehend von Oktober bis März.

Fragen

Der Blaue und der Gelbe Eisenhut sind Hahnenfuß-Gewächse und blühen von Juni bis September.

1 Wo wächst der Blaue Eisenhut, der unter Naturschutz steht, vor allem?

a) In den Alpen und Mittelgebirgen
b) An den Stränden von Nord- und Ostsee

2 Stimmt es, dass der Blaue Eisenhut die giftigste Pflanze Europas ist?

3 Womit können die Blätter des Eisenhuts verwechselt werden und so Vergiftungen verursachen – mit den Blättern von Sellerie und Meerrettich oder der Zuckerrübe?

Fragen

Der Buchsbaum ist ein immergrüner Strauch. Wild wächst er in Deutschland nur im Moselgebiet und im südlichen Baden-Württemberg.

1 Der Buchsbaum wächst sehr langsam. Wie lange dauert es, bis er 8 m hoch wird – 10 Jahre oder über 100 Jahre?

2 Die Blätter sind lederartig – sind sie giftig oder können sie ohne Bedenken als Salat gegessen werden?

3 In vielen Schlossgärten, aber auch in alten Bauerngärten, sind viele Buchsbäume zu finden. Zu welchem Zweck wurden sie gepflanzt?
a) Als Sichtschutz
b) Als Beeteinfassung

Busch-Windröschen

Antworten

1 b) 1 Blüte befindet sich an einem Stängel. Bei Regen und Dunkelheit hängen die Blüten geschlossen nach unten.

2 Es kann zu Brechdurchfall kommen und sogar zu Atemlähmung. In allen Pflanzenteilen, auch in der Wurzel, sind Giftstoffe enthalten. Den höchsten Giftgehalt weist die Pflanze zur Blütezeit auf.

3 Es wächst in ganz Mitteleuropa in Laub-, Nadel- sowie Mischwäldern bis zu einer Höhe von etwa 1.900 m. Das Busch-Windröschen gehört zu den ersten Frühlingsblühern (März bis Mai).

... schon gewusst?

Der Name »Busch-Windröschen« verweist darauf, dass am Ende der Blütezeit die zarten Blütenblätter vom Wind abgerissen werden.

Blätter mit Blüten

Blätter mit reifen und unreifen Früchten

Buchsbaum

Antworten

1 Über 100 Jahre benötigt der Buchsbaum, um eine Höhe von 8 m zu erreichen.

2 Die Blätter sind giftig! Alle Teile des Buchsbaums sind giftig, neben den Blättern vor allem die Rinde.

3 b) Als schmückende Beeteinfassung. Außerdem sorgten sie als Schutzschilde dafür, dass Wind und Regen keine Erde davontragen konnten.

… schon gewusst?

Buchsbäume sind in Gärten auch beliebt, weil sie sehr schön in unterschiedliche Formen zu schneiden sind. Allerdings gehört Geduld dazu, so lange zu warten, bis sie die nötige Größe zum Schneiden erreicht haben.

Fragen

In einigen Gegenden heißt das Busch-Windröschen auch »Schneetröpferl« oder »Osterblümchen«. Es gehört zu den Hahnenfuß-Gewächsen.

1 Die Blüten des Busch-Windröschens sind weiß bis leicht rosa. Wie viele Blüten befinden sich an einem Stängel?
a) 5 bis10 Blüten
b) 1 Blüte

2 Welches Symptom zeigt sich unter anderem, wenn das Busch-Windröschen aus Versehen verzehrt wird – Brechdurchfall oder Ohrenschmerzen?

3 Wächst das Busch-Windröschen, das 15 bis 25 cm hoch wird, ausschließlich in Deutschland oder in ganz Mitteleuropa?

Weitere Themen

**Neugierig geworden?
Wenn du mehr über das Leben an der Küste, Pilze, Säugetiere Europas, Planeten-Sterne-Galaxien sowie Pferde und Ponys erfahren willst, findest du hier viele schlaue Antworten.**

Autorin: Lina Bode
Gestaltung, Layout: Eva Salzgeber, München
Titelfotos: Bildarchiv Okapia
Fotos: Bildarchiv Okapia, Lavendelfoto, Egon Gliffe
Illustrationen: Jürgen Willbarth

www.kosmos.de

ISBN 3-440-09730-7
Printed in China/Imprimé en Chine

Giftige

Spaß und Spannung – und nebenbei lernt man die Tiere und Pflanzen seiner Umgebung kennen. Außerdem gibt es den „Schon gewusst-Kasten", der zusätzliche Informationen zum Thema liefert.

Die **Natur-Fächer von Kosmos** sind extra stabil: Ideal, um damit die Natur draußen zu erkunden und problemlos die bekanntesten Tiere und Pflanzen zu entdecken und zu bestimmen.

VQ ISBN 3-440-09730-7